你能拯救地球

记录你生命中每一天的碳足迹

[英]里奇·霍夫 著

牛海佩 译

科学普及出版社

·北京·

目 录

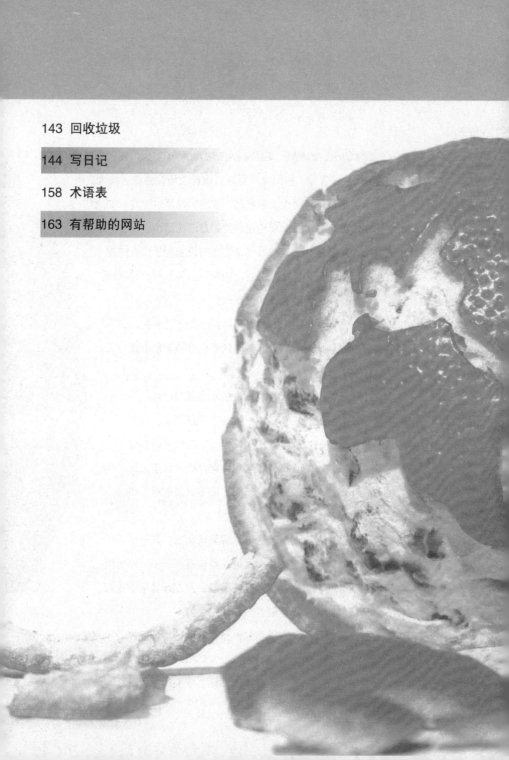

拯救地球

当我还是一个懵懂的小孩的时候，这要追溯到20世纪70年代，我和小伙伴们都被社会舆论和政治斗争等一些问题所影响，深信文明社会将会被核武器彻底摧毁。这并不是一个小孩子平白无故的惶恐。有些人经历过冷战时期的核武器竞赛，成日生活在恐惧之中。在这期间我感觉到自己的渺小，我做不了任何事情来结束这场武器较量赛，所以我阅读了许多有关放射性疾病的图书，想象我的头发全部掉落并且牙齿也都脱落时的情形，并且担心过从地球上生长的食物都已经被核辐射污染后该如何度日。

冷战时期终于过去。这样一来我们的后代不用再过着担惊受怕的日子，但是我们还会受到一些别的因素的困扰，地球也许会被其他方式摧毁。

二百多年前，自工业革命以来，人们的日常生活已经对地球上的自然环境形成了巨大的压力。这些年来我们一直在抵制核武器，但是我们也养成了许多不良的习惯：以乘坐汽车代替步行，路程遥远就会乘坐飞机，用塑料袋盛放东西，并且将那些软包装材料的垃圾遍地丢弃。经过这些年的忽视和不加考虑的破坏，造成了很不好的结果。现在这些新的威胁滋生在地球的各个角落。

好消息是，我们可以做很多事情来改善地球的环境状况，每一个人都可以做的事情，只要日复一日地坚持，那么地球就会呈现出不一样的面貌。从改变你自身的习惯做起，包括劝说家庭成员以及朋友改变习惯做起，这本书将会搜罗许多环保思想，从而达到拯救地球的目的。

这本书最大的好处是可以提供你所需要的信息来开始这项环保运动：写信给当地政府和商业领袖，询问你的学校领导如何改变环境状况，不断监督你的家人，就想他们监督你的学习一样。一个人也可以使得环境有很大改善，这个人就是你。

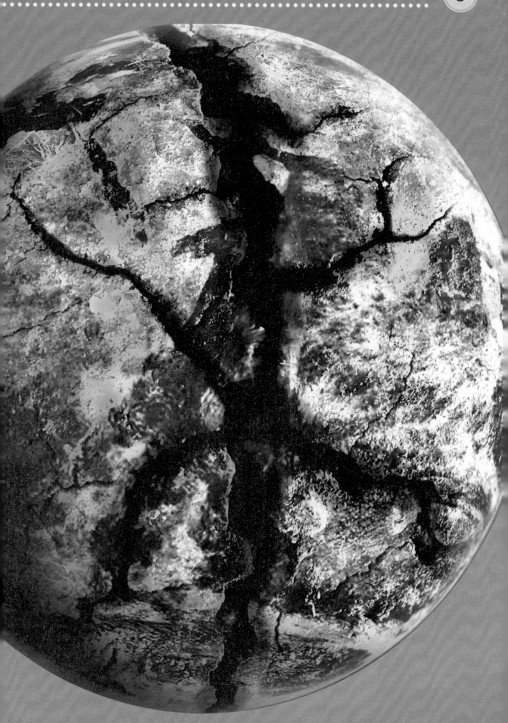

在学校的时光

　　我们每个人都有责任和义务节约和保护地球资源，虽然一些举动看起来十分微小，但也会使地球环境有很大的改善。

这一章节将指导我们如何利用在校时间改善地球环境。你可以发现节约水和能源的方法。此外，你不仅可以学习公平交易的概念（参见第54页），还能了解如何减少你的碳足迹（参见第71页）。

每一天都是有价值的

　　本章节的每一页都着眼于具有典型意义的学校时光，时间跨度为从早晨起床去学校，一直到晚上上床睡觉。本书的页面设置为：左半页面介绍人们破坏地球环境和威胁野生动物生存的例子；右半页面介绍整套可执行的详细步骤，可以减少你对地球环境的不良影响─让我们从今天开始行动吧！

　　利用本书后面的日记记录下你对地球的保护行动。

每个人都应该参加这些活动

　　你可以尽你所能地将本书中的知识应用于实践。你需要来自于你的家庭或者学校工作人员的帮助才能实施，例如建议家长和学校购买绿色无污染的食品和可回收利用的纸张。本书中有些建议的提出就是为了从你这里传递给你的家人。通过本书的帮助，我们可以以家庭为单位来保护地球，记住一定要有礼貌地劝导他人改掉破坏环境的习惯。地球正在遭受着严重的污染，你的行动将会对改变地球的现状有极大作用。

早上6:30

中央暖气系统

具有中央暖气系统的家庭平均每年会产生3.6吨二氧化碳。这些二氧化碳足可以充满20万个气球。

健一天都是有价值的

　　许多家庭可以通过有效利用能源来降低二氧化碳的排放，这些家庭每年降低的二氧化碳排放量可达两吨，你可以从你家开始帮助地球减少二氧化碳的排放。

家庭释放的二氧化碳对环境有很大影响。从家庭排放出来的二氧化碳占所有二氧化碳排放量的四分之一。不仅因为大多数中央暖气系统的加热过程需要消耗能源，我们还消耗了大量的能源用到保温效果不良的房间中。

室内产生的热能有33%会通过墙壁散去，另外还有三分之一的热量会从屋顶流失，并且大约有20%的热量会通过推拉窗、门和地板流失。这些流失的热量不仅仅浪费能源，而且也浪费钱。

大多数家庭不会使用个人保暖用品，例如厚的羽绒被或者保暖衣服，而是过度使用采暖器来加热房间。你不需要将水加热到滚烫再用，否则你还是需要用凉水来降低水温。更低的温度意味着更少的二氧化碳排放。

如果你家里的暖气有恒温调节器就会很方便，还可以在你不在家的时候将温度调低。

在室内穿上毛衣，在床上使用厚羽绒被或者额外加上一层毛毯。这样做的目的是为了降低卧室的中央暖气能耗，同时可以保持温暖。傍晚的时候**关上窗户**，并且将家具的位置放在远离暖气的地方，这样能够更加有效地利用能源。

 为了减少空调所释放出来的二氧化碳，我们可以想办法有效**防止热空气通过地板和门窗的缝隙中漏出**。观察一下你家里的热水器是否有**隔热套**，如果没有，就说服你的父母给热水器加一个隔热套。这样可以使热水更长时间保温。

 最好能告诉锅炉房的人，**锅炉设置的温度在60℃**就可以满足热水需要。如果锅炉需要重新设置，建议你的家庭设置一个高效的、可以编程的冷凝模式的温度控制。

温室效应和全球变暖

　　我们的确需要温室效应。如果没有温室效应，地球的温度就会过低，对人类的生存不利。但是污染使得温室效应的程度加剧。污染就是全球变暖的原因。

地球有一个大气层，这层气体把地球包裹起来。太阳光从大气层外照射进地球的时候，地球上的热量增加。地球表面可以反射一部分热量，还有一些热能被大气层的气体吸收并积聚在地球表面。这就是温室效应。温室气体包括甲烷、水蒸气和二氧化碳。温室效应造成地球比其他没有大气层的行星温度要高出很多，尽管地球离太阳是如此遥远。

　　　冰川每时每刻都在融化。这样会造成海平面上涨，并且会在低洼的岛屿和海岸引起洪水。

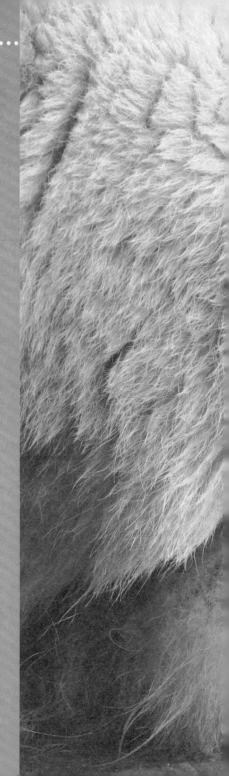

北极熊需要北极浮冰去捕食猎物，当大块浮冰消失后，它们大多数只能挨饿。

全球变暖

全球温度自然地上升或者下降是由于太阳能量和火山运动引起的。从19世纪开始，地球的表面温度已经上升了0.6℃。大多数科学家都认为地球温度快速上升是由于温室效应加剧引起的。砍伐森林和燃烧富含碳元素的化石燃料（煤、石油和天然气）会导致更多的二氧化碳释放到大气层中，这样就形成了温室效应。

天气预报

我们难以准确地预测气候将会如何变化。气象学家（研究天气的科学家）预测全球温度将在未来的50年内增加1.4℃~5.8℃。这样的全球性变暖会对地球上的生命造成巨大的影响：一些地方会变得多雨；其他地方会变得更加干旱。大多数地方会变得更加炎热并且会伴随着更多的暴雨。洪水和干旱会在世界上的不同地方存在。植物和动物都会受到气候变暖的影响，甚至改变栖息地。举个例子，在北极，北极熊的生活环境不断恶化，它们的栖息地正在消失。北极熊已经被列为濒危物种。

早上7:00

在洗手间里

三分之二的家庭用水是在洗手间里用掉的，每个人每天大约需要50升水用于个人洗浴。其实50升水足够我们一整天的用水需要。

每一天都是有价值的

全世界有1.2万立方米受污染的水。这些水足可以填满世界上最大的10个河床。世界上50%的主要河流都受到了不同程度的污染。

早晨去淋浴或者泡澡将会用去很多水，并且这些水会被身上的油脂和污垢污染，如果洗澡的时候用到洗发水或者淋浴露，水会被大量的化学物质污染。

在洗澡时，最好尽可能**缩短洗澡时间**。如果你家里的喷头水流量过大，可以换一个合适的节水喷头。这样的喷头既可以满足你洗澡的要求，又可以节约一半的水量。

拯救地球

每一天都是有价值的

每年，欧洲化妆品制造商通过3.8万只动物的活体实验来检测他们的产品。从2009年开始，在动物身上检测化妆品及其混合物是否安全这样的实验在欧洲被废止。2013年，则完全禁止将动物用于产品实验。

近期发现，各种化妆品中含有1000多种化学物质，会伤害生物有机组织。有些化学物质非常难以降解，甚至能通过下水道一直流入大海里。

每年大约有**50亿种**"个人必备的卫生产品"销售到千家万户（包括香波、牙膏和防晒霜等），这就意味着每年有50亿种卫生用品的外包装被生产出来，然后被丢弃。

拯 救 地 球

试着去使用自然的、有机的化妆品和个人卫生用品。需要提醒大家的是，标签会误导我们，所以一定要仔细地查找绿色食品机构的标识。例如英国的索尔协会或者美国国家农业部门标识，有了这些机构的标识，就可以保证本产品确实为有机制造。

避免购买过度包装的洗浴产品，并且应该**回收空的容器**，你可以在第144页看到详细内容。

我们对于水的需求在过去的30年里翻了一番。现在我们正面临着水资源的匮乏。到2025年，世界上三分之二的人口将面临着水资源短缺。

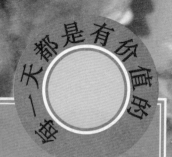

早上7:15

什么材质的
衣服不能穿？

我们的衣服一度是用未加工过的原料制作的，制作过程也非常原始，随着现代纺织业的发展，给工人、野生动物和自然环境带来了越来越多的问题。

合成纤维对环境有巨大的影响，但是天然纤维也是一个巨大的问题。棉花成为世界上最污染环境的作物。

一天都是有价值的

几乎50%的纺织物都是用棉花制成的。然而，种植棉花的风险很高。农业上所用的农药中有10%用在棉花作物上。这些化学物质最终汇入水中，杀死许多水生生物。农药每年毒害300万人口，造成25万人死亡。

西方国家的很多服装都是在非本国加工制造的。这些国家的员工生活在环境条件非常差的地方，收入只有衣服售价的0.5%。这些收入低于他们的生存所需要的食物、住房和健康保障的成本。

大多数合成纤维是不可以降解的纤维。这意味着这些纤维不能被降解，生产这些纤维还会释放二氧化碳和氮化物，造成温室效应，以至全球变暖。

许多贫穷的国家需要销售棉花来换取食物。

为了节约能源，你可以购买**二手衣服**或者将**旧款服装**和朋友们交换。如果能将旧衣物回收利用或者将旧衣服搭配出自己原创的风格的话，你就不会再买过多的衣服了。

拯救地球

如果你更愿意购买新衣服，那么，请购买用有机纺织物制造的衣服（包括有机棉和有机亚麻等），并且避免购买使用**合成纤维**制造的衣服。

你可以在网上购买一件用**有机棉制作的衣服**，并且经过公平交易原则（见第54页）交换。 或者购买二手衣服。如果你的学校没有销售二手衣服的地方，试着上网看看哪里能够买到二手衣服。

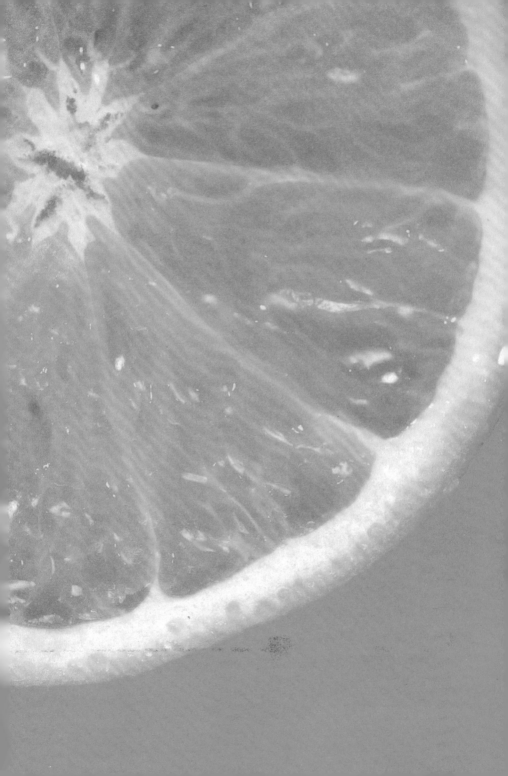

 早上7:30

最重要的早餐

做一杯葡萄柚果汁，据实验研究，这种果汁的营养相当于22杯其他果汁的营养成分。

在吃早餐之前，想一想餐桌上的鸡蛋、牛奶和橙汁对环境有哪些影响。

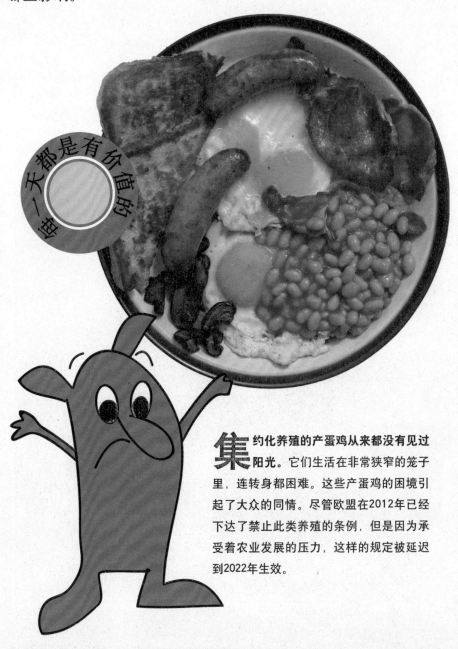

集约化养殖的产蛋鸡从来都没有见过阳光。它们生活在非常狭窄的笼子里，连转身都困难。这些产蛋鸡的困境引起了大众的同情。尽管欧盟在2012年已经下达了禁止此类养殖的条例，但是因为承受着农业发展的压力，这样的规定被延迟到2022年生效。

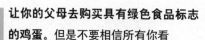

让你的父母去购买具有绿色食品标志的鸡蛋。但是不要相信所有你看到的这样的标签。不同的有机产品鉴定机构有着不同的规定，例如允许的自养密度以及自由放养的范围。最好的购买地点是你所住地区的农产品市场，这样你就可以确切地知道这些鸡蛋的来源。

母鸡的自由放养范围是它们在室外自然生存的范围。

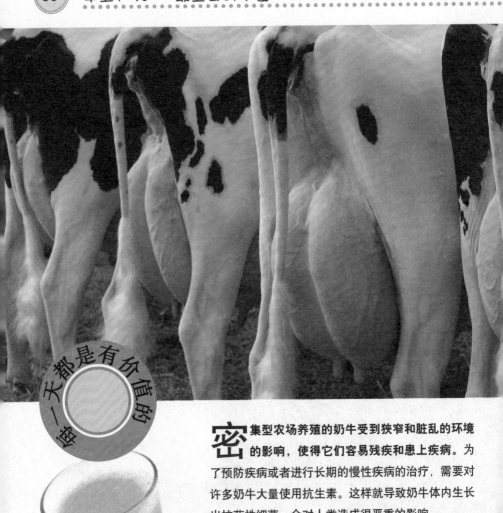

健康，一天都是有价值的

密集型农场养殖的奶牛受到狭窄和脏乱的环境的影响，使得它们容易残疾和患上疾病。为了预防疾病或者进行长期的慢性疾病的治疗，需要对许多奶牛大量使用抗生素。这样就导致奶牛体内生长出抗药性细菌，会对人类造成很严重的影响。

世界上规模最大的橙子生产地是巴西。巴西种植的橙子量甚至超过了美国的佛罗里达州。在欧洲，西班牙和意大利成为最主要的橙子生产国。巴西生产的橙汁有80％供出口，使得我们每天早晨都能享用鲜美的果汁。

我们应该努力减少各种包装的使用。当你去超市买牛奶和果汁的时候，尽量购买那些装在**可以重复使用**的瓶子里的产品。

当你在超市采购的时候，**买到价格公道的产品不是很难**，而且都可以买到当地的绿色产品。公平价格基金支持一系列产品，诸如咖啡、茶和果汁。你能从超市上买到绿色肉类、面包和奶制品。为什么不买些绿色燕麦片、水果和坚果呢？这样可以享用一份营养丰富的早餐。

绿色农场

大规模的集约农业培育出来的牲畜和作物会对环境产生负面影响。

现代化农业采用了人工化学肥料和杀虫剂。化肥会流入自然水域里，造成富营养化，迅速长出水藻，这些水藻就是大家所认识的"水华"，能消耗大量氧气，对生长在水里的植物和动物产生影响，甚至窒息而死。杀虫剂不仅能够杀死害虫，还可以导致其他野生动物死亡。

绿色原则

绿色农场建立在生态学基础之上。它遵循四个原则——健康、生态化、公平和细心。这些原则与环境及生活密切相关，从土壤里微小的有机物到人类本身都需要遵循这四个原则。如果能很好

用有机方法来控制害虫包括利用作物生长周期和自然天敌来阻止害虫的滋生。

转基因作物

农作物可能会因为基因的转变而变得更加强壮或者增加抗病性。然而，长期食用转基因作物对人类健康的影响还是未知数。

世界绿色农业运动

世界绿色农业运动的成员避免采用转基因的作物、化学肥料、杀虫剂、动物药物和食物添加剂，而是在可持续发展的环境中采用传统的种植技能。

地遵循这些原则，每一位和农业相关的人都会拥有有品质的生活，动物可以在和谐的大自然中生存。这些绿色运动的参加者种植、生产、销售绿色作物是为了保护植被、气候、栖息地、空气和水。

上午8:00

上学的路上

一辆校车满载可载学生20人，是一般小汽车载客量的7倍。

每一天都是有价值的

全世界有超过40亿辆汽车和轻型载货汽车行驶在道路上。这些车辆排放了大量温室效应气体。交通堵塞并不是它们导致的唯一的问题。

繁华市中心地段的交通拥堵是商业化世界的一个严重问题。交通拥堵直接导致了环境污染。在英国，每年都有2.4万人死于糟糕的空气质量。我们在生活中已经变得越来越依赖小汽车。22%的中学生和41%的小学生每天由汽车接送上下学。

一天都是有价值的

汽车每消耗1升汽油就会排放2千克的二氧化碳。据估计，以现在的人口和经济增长的速度，到2020年全世界的机动车数量可以上升到10亿辆。这些机动车可以排放出上百亿吨二氧化碳。

人们对于在城市里使用越野车存在着争议。大排量越野车需要使用相当于普通汽车两倍的汽油，造成三倍的空气污染。

如果你的父母开车送你去上学。那么，可以与住在附近的学生拼车，坐在一辆车里的人越多，开在道路上的车辆就越少。或者可以乘坐公共汽车，更好的选择是走路或者骑自行车上学。

给你的家庭中有驾驶执照的成员讲一些有关如何驾驶的要领。良好的行驶技术可以**节约油耗**，不要过快加油或者紧急停车。在停车的时候，要**关闭发动机**。空调会消耗许多燃料，应该在必须使用的时候再打开。车上任何多余的重量都会增加油料的消耗。所以，应该将车顶没用的行李架移走，并且清空后备箱中的杂物。

如果你知道身边的人要买一辆新车，告诉他们考虑购买一台**低排放的电动汽车**或者可以使用清洁生物柴油的汽车。

植物油可以转化成生物柴油，汽车可以利用这些备选燃料。

中午12:30

盒装午餐

在英国，每天有8000万个食品包装和易拉罐被丢弃在各个角落。平均每人每天要丢弃一个半易拉罐。也就是说，每人每年用易拉罐可以填满整个浴缸。

每一天都是有价值的

　　大批的塑料快餐盒、糖纸和零食包装袋形成了快速堆积的垃圾。丢弃掉的快餐食物是老鼠等有害动物的小吃，造成世界范围内老鼠等有害动物的数量猛增。

每一天都是有价值的

快餐正在变得越来越流行，但是许多人会随意丢掉这些食物的包装。难怪垃圾成为很严重的问题。当垃圾最终倒入垃圾填埋场或者将其焚烧时，会对环境产生进一步的破坏。

快餐批发商店记录了食物上百万英里*的里程(见第106页)。甚至三明治的原料可能环游了世界。

*1英里=1609.344米

自己做一个三明治，而不是到商店里购买现成的三明治。这样不仅能够保证所用的食材是干净安全的，而且如果你购买的食材是当地生产的，还有助于减少长距离运输费用，最终节约能源。

每年有将近一半的塑料袋产生出来是为了包装用的，包括薯片包装袋、三明治塑料盒以及数以十亿的超市用塑料袋。这些不可降解的塑料袋对环境造成了破坏。

每年消耗近4.5万吨的塑料，包括塑料袋、三明治包装袋和一次性杯子，这些东西最终都会倾倒进海洋中。这些用过的塑料袋极具破坏性，每年能够剥夺将近100万只海鸟以及10万只海洋哺乳动物的生命。

避免购买过度包装的食物，无论何时，只要方便，就尽量购买**新鲜的、未包装的**食物。这样做不仅仅有利于你的**健康**，而且还可以保护环境。去超市时，不使用超市的塑料购物袋，而是随身携带一个环保袋。

许多小区设有可循环使用的垃圾箱。

 把垃圾放进垃圾回收箱内。**一定要注意垃圾箱上的可循环回收标志。**大多数玻璃制和铝制的饮料瓶是可以循环使用的（见第143页）。

中午1:00

给朋友打个电话

2014年，全世界销售的新手机超过12亿部。据估计，全世界现存50亿部固定电话。平均1.3个人就有一部手机。

移动电话就如同计算机一样，也是科技进步和时尚潮流的产物。移动电话顺理成章地代替了固定电话，而且全世界平均每18个月就会有新款的移动电话研制出来。

移动电话中含有许多有毒的材料，这些材料可能会导致癌症和其他复杂疾病。所有这些物质都可以通过废渣埋填和焚烧等方法释放到大自然中。一个旧电池中含有的镉可以污染60万升的水。钽是用在手机电路板上的材料。虽然钽（从钶钽铁矿里提炼出来的）的毒性会小很多，但还是会引起环境的污染。

世界上80%的钶钽铁矿石埋藏在饱受战火摧残的刚果民主共和国。为了挖掘钶钽铁矿，不法分子已经把东部森林砍伐殆尽了。这些都威胁到了频临绝种的动植物的生存。

移动电话的塑料外壳可以在垃圾填埋场存在上百年而不分解。在欧洲，每年有一亿部移动电话被淘汰。如果这样继续发展下去，想象一下，100年后将会有多少手机还存在于地球上。

许多销售手机的商店提供旧手机的回收处理服务。你也可以将你不用的手机卖给**回收公司**或者把它们捐赠给慈善机构。手机上许多有用的材料可以**重复利用**。从废旧的材料中可以提炼出珍贵的金属。这样能够节省高达90％所需开采和炼制的原料金属矿石。

你真的需要更换新的手机吗？如果你的手机仍然可以使用，可以考虑过段时间再更换新的手机。

千万别把充电器插在电源上不管，这样不仅浪费能源，而且还会引起火灾。因为虽然并没有将充电器与手机相连接，但是充电器还会继续蓄电。为什么我们就不能彻底抛弃插座，而是要求拥有一款太阳能充电器作为生日礼品或者圣诞节礼物呢？

太阳能
充电器的能源
来自太阳。

下午3:15

回家

英国有16000千米的畅通的人行道和自行车道，道路两边还有安静的步行小路。你的生活范围也许就在骑自行车就可到达的3千米的路程范围内。

每一天都是有价值的

乘坐小汽车进行短途旅行会对环境造成破坏。发动机在刚开始启动时消耗的汽油要比启动一段时间后消耗的汽油多。

汽车报废之后还会继续对环境造成污染。在英国，每年有将近200万辆汽车达到报废标准。但许多材料并没有进行回收或者再利用。所以上千吨的金属、玻璃和塑料被浪费，情形非常严重。

这里有很多重复利用轮胎的方法：有些轮胎粉碎后可以做成新轮胎表面上的花纹；有些轮胎粉碎后可以制成塑胶跑道；一些轮胎替代煤作为水泥窑炉的燃料，有助于减少温室效应气体的排放，并且意味着掩埋更少的废旧轮胎。然而，有人担心从水泥窑炉里释放出来的烟气是另一个污染源。随意丢弃废旧轮胎仍然是一个严重的问题。每年从河里会清理出成千上万只废旧轮胎。

一天都是有价值的

通常在城市里不都需要拥有私家汽车，并且购买和养护汽车的费用十分昂贵。城市里的公共交通会让你的出行更加快捷，还能减少环境污染。即使拥有一辆汽车，也可以更多地利用公共汽车、地铁和火车这些公共交通工具。路程不太远的话上下学最好的交通工具就是自行车。

为了延长汽车的使用寿命，应当给汽车做定期的保养和清理。必须确保轮胎有正常的压强，当轮胎破损时要及时更换新轮胎。可以对旧轮胎进行翻新。制作一个翻新的轮胎比制作一个全新的轮胎要节省20升汽油。

公平交易

小型公司已经越来越难和大型跨国公司竞争了。而公平交易能够帮助穷苦的制造工人用自己的劳动摆脱贫困。

公平交易平台是一个国际交易系统，它可以确保人们通过公平的价格卖掉他们的产品，避免受到市场力量的干扰，而且保证工人具有安全和良好的工作条件。公平交易的目标就是减少贫困，给那些在市场经济以及传统交易系统中处于劣势地位的公司创造发展的机会。在这些传统的交易平台上，市场的竞争力量和世界范围内供求关系的变化都会引起产品价格的变化。所以为了生计，人们不怕辛苦横跨地球，发展中国家的农民对这些体会最深。

公平交易标签

生产者只要符合了国际公平贸易标签组织的条款，就可以注册成为国际公平贸易标签组织的成员。注册成为公平贸易标签组织成员以后，生产者就可以使用公平贸易标签标记他们的货物。当你在超市中的任何产品上看到这样的标志时，无论是在水果、蔬菜、巧克力或者足球上，你都可以确定这些产品的原料是从国际认证的公平交易资源中购买的。

环境

公平交易平台中的产品大多数是有机的。其中有一条准则明确规定了生产过程中要考虑环境因素。热带雨林中的间隙是不能种植作物的，而且有许多农药用品也是明令禁止的。如果农民所卖的产品被认证为绿色有机产品，就会得到更多报酬，所以他们有积极的动力去生产绿色无污染的产品。

如果没有公平交易平台，许多小规模种植咖啡的农民会减少种植规模或者干脆放弃种植。现在在传统市场上购买咖啡的价格不足以弥补他们的成本。

下午4:00

你有邮件了

制造一台电脑需要燃烧240千克的化石燃料。在制造电脑的过程中，还要使用22千克的化学品和1.5吨的水。

做一天都是有价值的

随着科技的迅速发展以及人们对高性能电脑的追求，每年都有上百万台还可以继续使用的个人电脑被废弃。

电脑里含有很多有毒的成分，比如铅、汞和镉（地球上排名第7位最危险的物质）。如果把电脑扔进垃圾填埋场，这些有毒的成分就会接触到土壤甚至进入河流。很多国家禁止利用电脑里的这些有毒物质。

电脑制造业是一个能源密集型产业。在相同质量下，制造一台电脑比制造一部汽车或者一台冰箱要多花十倍的能源。制造一个小小的记忆棒需要用掉相当于它自身质量700倍的能源。因为在制造过程中花费了如此多的能源与资源，所以我们不能把电脑当成一次性的产品。

很多人每隔几年就会更换电脑，而不去管这些电脑是否还可以继续使用。仅仅在英国，每年就会有200万台电脑被丢弃。这些电脑有一个共同的问题，就是包含着不能降解的塑料和有毒的金属元素。

全世界每天大约有134亿升石油从地底下开采出来。当这些石油成为燃料用于生产电子产品的时候，大量的温室气体被排放到大气中。从石油中提取出来的一些有毒化学物质常用于制造电脑配件。

每一天都是有价值的

你可以定期升级你的电脑程序或者及时**修理**有故障的电脑元件。如果你需要购买一台新电脑，就选择一款你能负担得起的最新型号的电脑，这样一来，你的新电脑就可在一段时间内跟上科技进步的步伐。节能的电脑上有一个节能减排的标志。

你可以向你的学校或者朋友**捐赠或赠送旧电脑**，或者将你不再使用的电脑送到回收公司回收利用。

在不使用电脑的时候，记得关上电脑，尤其记得关上电脑显示屏。据测算，电脑显示屏一夜未关所耗用的电量足可以用于复印800份文件。

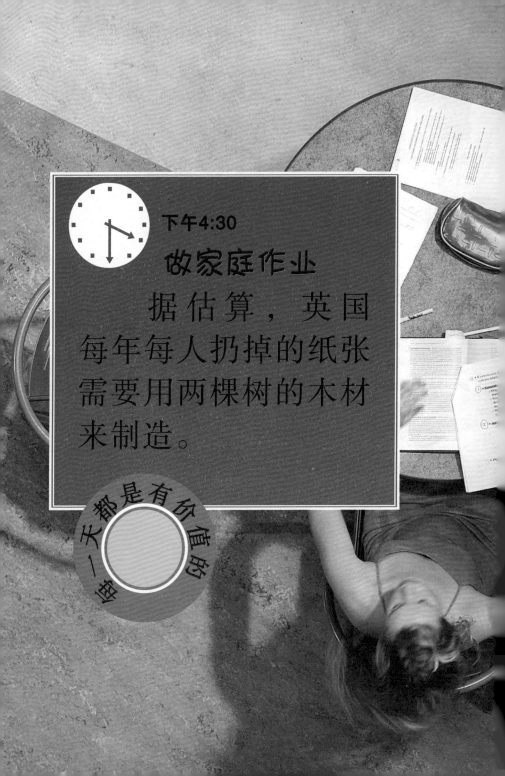

下午4:30

做家庭作业

据估算，英国每年每人扔掉的纸张需要用两棵树的木材来制造。

做一天都是有价值的

你所做的任何事情都有可能为你和你的家人省钱，更重要的是，还能减少对环境的影响。

从理论上来说，纸张来自一个可以无限再生的资源，因为树木可以在砍伐之后重新种植。但是事实上，森林并不总是如我们想象的那么容易进行环境管理。被种植的树木通常不是本地的品种，为了获得更多的木材，种植的外地品种越来越多，生长越来越快，影响了本地树种的生长，野生动物就失去了它们的自然栖息地。

虽然纸张是可以降解的，但是纸张在垃圾填埋场腐烂后会释放出甲烷（一种温室效应气体）。新的纸张通常是用氯来漂白的。氯是一种自然产生的物质，但是当它被用于生产活动时，一些有毒物质就会通过化学作用生成。这些有毒物质会破坏环境，包括造成臭氧层空洞、全球变暖和酸雨。

在电脑上修改文件，避免不必要的打印，可以**减少纸张的使用**。文件可以双面打印，所有使用过的纸张都应该回收利用。

购买再生纸。每生产一吨再生纸比普通纸能够节约17棵树，这些木材可以产生足够的热量来维持你的家庭达6个月的供暖，减少32000升水的消耗或者2.3立方米的垃圾填埋空间。

下午6:00

下午茶时间

排放到大气层中的10%的温室效应气体（包括25%的甲烷气体）是由家畜产生的，例如牛和羊。

一天都是有价值的

在近50年间，人们对肉食的消耗量已经是从前的两倍了，我们对肉食越来越多的需求给环境带来了相当大的压力。

做一天都是有价值的

养殖家畜的不良结果是大气和水源都受到了污染。排放的温室气体和排入河流的农场废料是罪魁祸首，但是真正的问题是资源问题。动物吃下去的食物要比产出的肉多。生产1千克牛肉所消耗的水量，比生产1千克黄豆所消耗的水量多200倍。

牛肉是一种非常容易污染环境的产品。

你不需要成为严格的素食主义者（绝对不吃一点儿肉）才能拯救地球，而只需要遵循世界农业信托组织的建议——**少吃肉**。你还可以在当地农场购买有机肉。

养殖牲畜产生的废料以及种植作物所用的化肥，污染了土地、空气和水，严重破坏了生态系统和野生动物的栖息地。

世界上种植的小麦、玉米和黄豆有一半都用于饲养家畜。农作物种植业是能源密集型产业，产出的远比投入的能源少。例如，10吨的牲畜饲料只能产出1吨牛肉。

如何烹饪与烹饪什么同等重要。自20世纪70年代开始，在厨房使用的能源量不断下降，我们更多地选择方便食品或者买外卖回家。可是烤箱消耗的电量仍然占英国国内用电量的3.5%。

水具有特别高的比热容，这意味着需要很多的能量才能将其加热。所以，在蒸东西的时候可以用更少量的水达到同样的效果。例如，用小火慢慢地加热水，并且将锅盖盖上，蒸汽就可以在一个普通的炖锅里发挥出最好的烹饪作用。

确保你家的平底锅锅底大小基本和炉环一样大或者稍微大一点。带有热风循环功能的烤箱会比普通型号的烤箱少消耗20%的能量，但是一个微波炉将会节约70%的能量。使用烤箱是非常低效的，所以应该多用烤面包机烤面包片。

碳足迹

每个人都会留下碳足迹。这可以衡量每个人向大气中输送了多少温室效应气体。

你的碳足迹是由两部分组成的：第一来源碳足迹指的是由你本人直接排放的二氧化碳和其他温室效应气体，比如在旅行或者用电过程中产生的；第二来源碳足迹是指与你间接有关的温室效应气体排放，比如你购买的物品排放的有害气体。

碳足迹

你的碳足迹的长短取决于很多因素。你如何利用你的业余时间尤为重要，比如你是否看电视，是否玩电脑游戏，是否在家读书或者参加户外活动，是否会坐飞机旅行等。如果你乘坐飞机这样的大型交通工具，碳足迹就会比坐火车的碳足迹长。火车旅行的能源效率是飞机旅行的三倍。你的食物来源以及食物是如何加工的会影响你的第二来源碳足迹。

责任感

你可能认为你对这些有害气体的排放不负有责任，因为你的父母负责全家的物品采购活动，包括采购你家里用的各种电器。你也可能认为你的学校应该负全部责任。但是，你可以劝说父母或

用足迹这个词是因为它让我们想起通过我们的举动会在身后留下些什么，就像走在沙滩上的脚印，但这些碳足迹却是永久的印记。

者学校改变购买习惯。你还可以少看一些电视；当你离开屋子的时候随手关上灯；手机充满电后将充电器从插座上拔下来。每一个小小的举动都会对减少你的碳足迹有很大帮助。

下午6:30

洗餐具

　　当你洗餐具的时候，每分钟就会有5升的水从水管中流出来。未关紧的滴水的水龙头每天会浪费掉4升的水。

使一天都是有价值的

　　实际上用洗碗机洗碗比用手在水龙头下洗碗对环境的破坏要小一些，这个小知识也许会让你感到很欣慰。

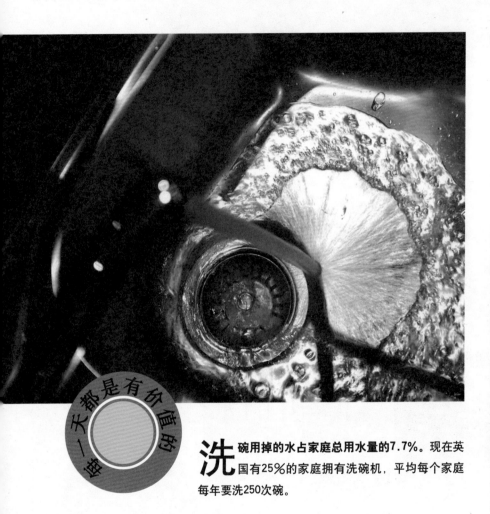

一天都是有价值的

洗碗用掉的水占家庭总用水量的7.7％。现在英国有25％的家庭拥有洗碗机，平均每个家庭每年要洗250次碗。

最有效的洗碗机运转一个完整的程序循环需要耗费1~2度电（这取决于它的程序），消耗15升水。如果用手洗的话，则会用掉30~200升水。

使用洗碗机的时候要将碗盘满载。（如果洗碗机放不满，运转起来要比满载运转时多耗资50％的水和能源）。你可以提前打开洗碗机，晾干碗碟，能节约更多的能源。

 不要一直开着水龙头冲洗餐具。应该在用餐后用纸擦去餐具上的食物残渣，这样的话，残渣就不会黏在餐具上，一定要在将餐具放入洗碗机或者放入水槽里之前完成这个步骤。

普通的洗涤剂中含有复杂的化学成分。这些物质会污染环境。

在自来水下冲洗餐具上的洗涤剂泡沫是十分正常的事情，但这就是为什么用冲洗方式洗餐具会浪费很多水的原因。

很多洗涤剂里面的化学成分是不可降解的，它们会永远存在，并污染环境。

做一天都是有价值的

洗餐具最好的方法是：盛满两个水槽（或者两个盆）的水——一个水槽（或盆）里倒入热水和不破坏环境的液体洗涤剂用来洗涤，第二个水槽（或盆）里倒入冲洗用的凉水。**清洗餐具的水可以用来浇花。**

用两个水槽来清洗碗碟的方法是：一个水槽加入洗涤剂溶液，另一个水槽加入清水以备清洗，你可以先在水龙头底下清洗，直到水流慢慢地积蓄而填满水槽。

晚上7:00

你自己的时间

全世界每年有价值相当于**74亿英镑**的能源用于制造电视、立体声音响和其他电器设施。这些电器会释放出400万吨的二氧化碳。

每一天都是有价值的

如果你能每次使用完电子设备后就断掉电源,就能够节省大量的能源。

现在很少有人使用录像带。我们会直接用电脑从网上下载电视节目、电影和音乐,或者将文件拷贝到移动硬盘里,虽然这意味着CD和DVD都已经离过时不远了,但是全世界每个月仍会产生45吨的废旧光盘。

越来越多的人选择收看数字卫星信号的电视节目,这是一个收看电视节目的好方法。现在很多家庭里都有一台机顶盒和电视相连,这个盒子是用来解码数字信号和卫星信号的。这些盒子的开关时常都是开着的,或者说都处于待机状态。待机的机顶盒会耗费掉许多电,造成能源浪费。

供给到家庭的电量中有8%是无端地被闲置的电子设备浪费掉的。每年英国用于待机电器的电量消耗费用达19亿英镑。

大家可以发挥创造力,用旧CD和旧DVD做成装饰品或花园里用以保护鸟类的装置。

当你不使用电视机、VCD、DVD、电脑和立体声音响等电器时，要记得断掉它们的电源。

 如果电器坏掉了，在购买新的之前应该看是**否可以修理**。当你购买一台新的电器时，应该寻找一款最节省能源的型号。宽荧幕电视机比传统（阴极射线管）类型的电视机屏幕大，所以会耗费掉更多的能源，但是运转起来更加高效。液晶电视节省能源，比同等大小的阴极射线管电视使用更少的电量。

 为了节约能源，试着在一周内选一天不看任何电视节目，你还可以利用这段时间与你的家人好好相处或者读一本好书。

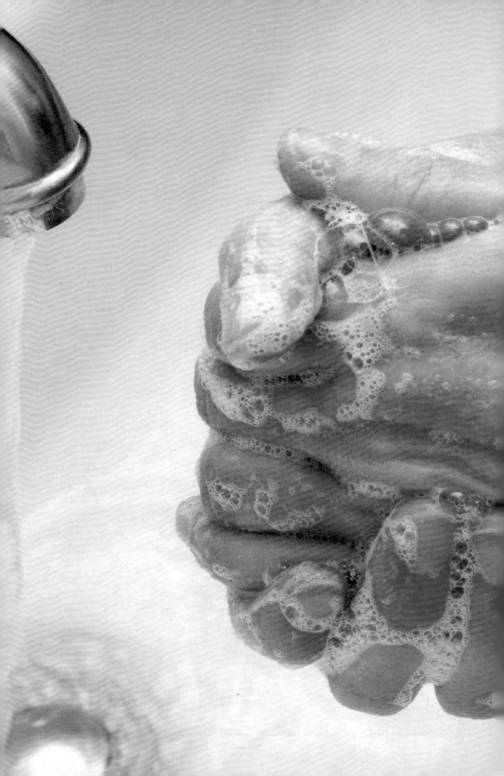

晚上9:00

上床睡觉

家庭消耗的1/3的用水用于冲马桶，也就是说，我们每个人每天会用掉50升水来冲马桶。

白天一天你都在保护环境了，但是你仍然能够在准备睡觉的这段时间里继续保护地球。

洗手间里的许多产品，包括牙刷和洗发水中都含有棕榈油。　为了生产棕榈油，印度尼西亚和马来西亚大片的热带雨林被砍伐。在过去的15年里，砍伐热带雨林已经造成猩猩数量的大量减少，每年约有5000只猩猩死亡。大多数日化产品公司不知道购买的这些棕榈油是从哪里来的，而且他们还会需要更多的棕榈油。

一天都是有价值的

大约60%的纸产品，诸如卫生纸和面巾纸，里面不包含可回收木纤维。一些原始的木纤维甚至产于原始森林。其他纸质产品实际上包含比制造商宣传的含有更多的可回收木纤维。制造商不承认他们的产品中加入了可回收木纤维，因为他们认为消费者不会购买这样"不干净"的纸巾，可是实际上，这些可以回收的木纤维源于办公室打印机纸张等，在制造成纸张之前木纤维都经过了许多次的洗涤。

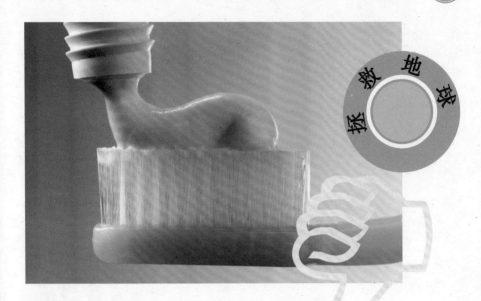

请不要开着水龙头刷牙，而是用一个玻璃杯或者马克杯接水刷牙。如果你家里还没有马桶冲水节约装置，就**请在马桶蓄水池内放入一块砖或其他重物**，这样可以节约每次冲水的水量。

使用可回收，并且没有经过漂白的纸巾。

加入一个保护猩猩的协会。给超市写信，让他们保证采用棕榈油为原料的产品来自可靠的地方。客户对产品品质的要求可以通过超市等销售商向生产商施加压力。你可以从网站上找到安全的棕榈油产地。

水和空气污染

地球表面约75%的面积覆盖着水，所以给人感觉不需要节约用水。但是只有1%的地球水资源可以饮用，却要负担起全世界65亿人口的用水需求。

只有淡水可以饮用。海水里含有很多盐分，不能饮用，而且具有腐蚀性。海水里面的盐分可以提取出来，但是这个过程需要消耗很多能量，并且对于生活在海洋里的生物也是一种威胁。

> 每年有将近300万人死于大气污染。有超过200万人死于喝了不干净的水。

水的需求量

全世界的人口数量正在不断增长。我们对于洁净淡水的需求越来越多，但是气候变化和环境污染的威胁减少了干净水源的供应。随着家庭排出的生活污水中含有越来越多有毒的化学成分，对于水的过滤和清洁也越来越难。我们不断污染着大气，所以雨水中也含有有害物质。工业和农业用水污染危害着野生动物和它们的栖息地。农业化肥和杀虫剂也危害着许多动物乃至人类的身体健康。

空气污染

化石燃料燃烧释放出二氧化硫，这是一种可以产生酸雨的气体。酸雨流入江河湖海，危害植物和动物的健康。酸雨会减缓树木生长，甚至导致树木死亡。化石燃料燃烧释放的其他气体让城市的空气污染更加严重，这些污染气体在阳光下产生臭氧。臭氧危害着人的呼吸系统健康，影响植物生长，甚至破坏生态系统。对环境有益的臭氧存在于上层大气，吸收来自太阳的有害辐射，但是这层有益环境的臭氧已经被大气污染物损坏了。

晚上9:30

熄灯

如果英国的每个家庭中将三个传统的灯泡换成节能型灯泡，节约下来的电量可以点亮英国国内所有的路灯。

一天都是有价值的一天

城市里灯火通明，人们在家里的时候习惯把所有灯打开，尽管新的节能型灯泡已经存在，但是许多地方仍然在使用传统灯泡。

传统的钨丝灯泡非常不节能。钨丝灯泡将能量更多地转化成了热而不是光。这就是为什么它们会那么烫的原因。换成节能型灯泡，例如LED灯（发光二极管）或者CFL灯（紧凑型荧光灯），可以节约家庭约30％的电。

冰箱和空调是两种最耗电的电器，并且它们也是工作时间最长的电器。一些冰箱和空调中加入了一类作为含氟氯烃的制冷剂，这种物质造成的温室效应的程度比二氧化碳要严重千万倍。它们必须经过特殊过程才能分解。

灯光污染也是一个严重的问题。大城小巷中闪烁着无数灯光，这些灯光会让野生动物迷失方向，干扰它们的睡眠模式和繁殖周期。

不要一整晚都开着灯，除非你确实需要这样做。说服你的父母用CFL灯代替普通灯泡，这些灯泡会帮助你节约用电。

晚上睡觉时盖上羽绒被或者毯子来代替电暖气取暖。**使用热水袋代替电热毯。**太阳能计算器也能节约能源。

建议你的家庭改用绿色电。英国大多数的电力供应商都提供绿色电，因为承诺提供给你的电力100％来自**再生能源**（见第121页）。

定期为冰箱或冷藏库除霜，以保持正常高效的运转。如果你的父母正要购买一台新的电器，记得建议他们购买能效高并且没有高频电流的电器。

周末

拯救地球并不会非常难或者不方便。一旦你熟悉了这些习惯，地球就会焕发出新的生机。

在周末的空闲时光里，你可能有闲散时间去社区里打扫卫生！这个方法可以给你的家庭及你的朋友提供许多机会来保护地球。你不用把每一个建议都付诸行动，选择其中自己最喜欢的实施就行。

> 锻炼是一种很好的保持健康的方法，但是记住：当你自己享受着运动带来快乐的同时，环境也会受到影响。

贵在坚持

这个部分贯穿于整个周六和周日，这段时间你通常在家里，照顾一下宠物或者和朋友外出。你会发现什么是食物里程（见第106页），可选择的能量资源存在什么（见第121页），以及如何将你浪费的东西循环利用（见第143页），别忘记利用在学校的时间采取小善举来拯救地球。

星期六

装满洗衣机

全英国家庭使用的洗衣机、甩干机和洗碗机会消耗价值80亿英镑的电量和上万亿吨的水。

一天都是有价值的

家用电器（洗衣机、冰箱和洗碗机）在工作寿命内都会对环境产生有害的影响，纵使丢弃到垃圾箱也会对环境有害。

洗衣机是家庭中最常见的必备电器。平均每年每台洗衣机会运转接近300次，每一次都会消耗50~120升水，占家庭用水总量的14%。

许多洗衣粉中含有的有害物质最终会通过江河流入大海。有些洗衣粉要经过数十年才可以完全分解。硝酸盐是目前洗衣粉中常见的成分，这些成分会影响海洋的环境，刺激海藻的生长。

欧洲每年会废弃650万吨废旧电器和电子产品。仅在英国就有超过100万吨的垃圾埋在垃圾填埋场。自2003年开始，欧盟成员国开始通过鼓励循环利用废旧电器和电子产品来直接减少这些有毒的电子垃圾。

当你要洗衣服的时候，最好等积攒到一定数量之后再洗。洗衣粉的最佳使用水温是40℃，没有必要用更高的水温来洗衣服。使用40℃的洗衣模式所用的电量是使用65℃的洗衣模式所产生电量的一半。

使用有利于环境保护的洗衣粉，并且尽量不使用甩干机甩干衣物。如果可以就尽量在外面晾晒，让太阳和风来做甩干这项工作！如果衣服上只是稍微有一些灰尘，就用刷子和干净的抹布清洁一下，这样可以减少不必要的洗涤。

废旧家用电器几乎占到废旧电子产品和机器的一半。当你家的洗衣机出现故障的时候，**建议你将它修理好**。如果父母要购买一台新的家用电器，告诉他们选择一款带有欧洲能效标签为A级、A+级别或以上的**节能**型产品。

*编者注：中国市场上电器的能效等级分为1~5级，最好选购2级以上的节能产品。

去商店购买食品

我们在超市里看到的食品平均已经"旅行"了1600千米才来到这里。这个距离比从英国的一头到另一头的距离还要长。

健一天都是有价值的

超市是每周大采购时最好的去处。一些食品看起来很便宜，但是它们的真实成本却很高。

进口食品和运输这些食品去往世界各地的成本是非常高昂的。问题在于许多国家不能生产出足够的食品来满足日益增长的人口需求，所以每年政府都被迫去进口更多的食物。生鲜类产品也要进行严格的包装，并且通过全国范围内的加工过程才能进入超市销售。

选择没有用保鲜膜包装过的水果和蔬菜。不要购买过度包装的零食和方便食品。尽量少买罐装和瓶装食品。不要用纸、保鲜膜及铝箔纸对食品进行过度包装，因为这些材料进行循环利用非常昂贵。

在英国无法生产的食品依赖进口，如香蕉会飞行数千千米才能来到你的购物车内。

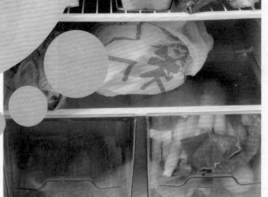

查看一下你家冰箱里的食品都是在什么地方生产的。你可能会对这些食品所"走"过的路程大吃一惊。

健康一天都是有价值的

有些植物不适宜甚至完全不能在当地种植。例如，从西班牙进口西红柿到英国比将西红柿种植在英国的温室里对环境更有利。但是如果在英国苹果丰收的季节进口苹果，这样做是没有必要的，尽管如此，还是有一些超市会这样做。超市中有将近56%的有机食品是从外国进口的。

每年运货卡车运输货物的路途长达1.8亿千米，其中大多数是运输食品。每个人的食品运输里程的总数每年都在增长（见第106页）。一个成年人每年开车去超市购买食品的距离平均有220千米。

你可以**散步**去当地的便利店或者农贸市场购买当地的有机产品。许多公司会使用**可重复使用的箱子**运输有机食品到客户的家门口，这会比逛超市更方便。

拯救地球

寻找一块你可以**自己采摘**有机蔬菜和水果的地方。这样做可以**节省食物里程**，并且可以保证食物是新鲜的。如果你家有一个花园，就和你的家人一起亲手来种植蔬菜吧！

食品里程

在食品摆上你的餐桌之前会在地球上旅行一段路程，这就是食品里程。食品运输会增加二氧化碳的排放，造成温室效应。

食品里程包括食品从农场到加工者的距离、从加工者到包装者的距离、从包装者到商店的距离、从商店到消费者的距离。可能会从一个国家到另一个国家，生鲜产品可以从全世界各个地方进口。

过度加工的食品，如方便食品，也许会包含许多不同国家的原料。

近年来，食品运输的距离更长了，这个现象的部分原因是人们更喜欢在超市购物而不是到各种不同的商店购买物品。对于超市来说，将商品放置在同一个中央仓库，是非常便利的。接下来将商品从中央仓库分配到各个超市网点。也许土豆会运输很长的距离才能被包装完毕，然后再运回产地销售。当然，整个运输路程都是需要花钱的。这些运费就是额外的成本。

消费者责任

并不是所有超市都对食品里程负责。这个里程还包括从超市到你家的距离。所以下次你的家人要去购物时，你应该鼓励他们到附近的商店去购买，而不是开车去很远的超市购买。

在英国供应的95%的水果和50%的蔬菜都是进口的。

食品里程是有害的

缩短食品里程是非常重要的。在运输过程中，交通工具会产生对环境有害的气体。食品在运输过程中还会造成人类健康问题和环境破坏问题等。食品运输距离越长，新鲜程度就会越低，会流失维生素等营养元素。活体动物也会被运输，有时运输时间会长达数天，甚至从一个国家到达另一个国家，给它们带来不必要的痛苦。

星期六

你最好的朋友

　　全世界每年有5亿条热带鱼，近1000万只爬行动物，2500万只鸟类和3万只灵长类动物被从野外捕获作为"宠物"贩卖。

一天都是有价值的

全世界每天有成千上万只野生动物通过船只等交通工具运往世界各地进行贩卖。其中有很多都是非法从野生丛林中捕获的动物，给环境带来了很大压力。

这些被称作"外来宠物"的动物很难保持快乐和健康，因为想要模仿它们的自然栖息环境往往是不可能的。例如爬行动物，它们需要特定的温度、光照和湿度，另外，还要吃特别配置的食物——15%的宠物蜥蜴都营养不良。

所有宠物都需要规律的锻炼和营养丰富的日常饮食。非常遗憾的是，一些宠物的主人没有满足这些基本需求——大约有三分之一的宠物都超重了。还有些宠物的主人很难投入必要的时间和精力去照顾宠物。每年英国都要处理10万只以上的走失的小狗。

全世界数亿只宠物狗产生的排泄物多得惊人。这就带来了动物粪便垃圾的问题。狗的粪便中含有蛔虫卵（每块粪便中都可能含有上百万枚卵）。寄生虫可以在土壤中存活2年之久，如果不慎误食，会引发疾病。

这是一个禁止标志，在这个区域禁止狗排便。

在将小宠物请进你的家中之前，**确保你有**空间和时间来照顾它。如果考虑收养一只被救助的小动物，必须确定它接种过疫苗，身体里没有寄生虫以及是否需要接受绝育手术。

捡起你家小狗的粪便。遛狗时小狗随地拉的粪便应当捡起来丢进垃圾箱。如果你不能在附近找到垃圾箱，用包装袋把粪便垃圾包裹起来，然后在家里处理掉它。

猫能够捕食小型鸟类和小型哺乳动物。阻止猫进入公园，进而帮助那些小型鸟类和小型哺乳动物，**将危害减少到最小。**可以在小鸟喂食台旁边摆上带刺的植物或在花坛边撒上陈皮。

星期六

精心打扮

每提取10克黄金（可以打造一枚戒指的黄金量），就会产生18吨废旧矿砂。开采金属矿是地球上污染巨大的活动之一。

使一天都是有价值的

你知道你身上佩戴的配饰是在哪里出产的吗？你思考过流行的金属首饰的真实成本吗？

一些人不穿皮鞋，不用皮带，也不用皮革书包和钱包，因为他们认为许多皮革来自野生动物。皮革在鞣制过程中也会释放出有毒的化学物质。但是许多皮革的替代品也会在一定程度上危害环境。

从矿石中提取金属会破坏自然栖息地和生物多样性。在矿床附近必须要腾出地方来放置矿石，一些矿石的提炼过程会用到许多有害的化学物质。例如，通过氰化物将金子从金矿中提取出来。氰化物对环境有害。其他主要的污染物，如已经留存在剩下的矿石中的汞、砷和铅也会流入水体中。

现在有一些企业已经开始制造有机皮革。这种皮革来自于用有机食品人工饲养的动物。在皮革制造过程中利用植物鞣酸，这样对环境的危害就能降到最低。

如果你和你的家人得到了钻石礼物，除了考虑钻石的颜色、切工和重量之外，还要看看卖家提供的**书面保证书**，以证明它的来源是合法的。

选择用**回收金属**制造的珠宝（应该来自于最具有"生态责任"的制造商）。寻找公平交易珠宝或者购买其他用可回收材料或环保材料制成的产品。

购买少量的新衣服和配饰，多逛逛慈善公益商店。如果你仔细认真地寻找就会发现一些质量很好的物品，价格也很便宜。别忘记把你自己的旧物品捐献给慈善机构。你也可以回收利用鞋子、衣服等。

拯救地球

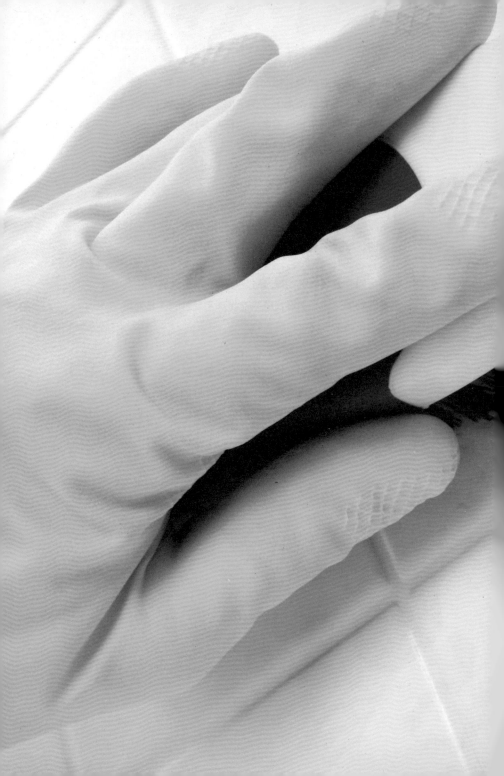

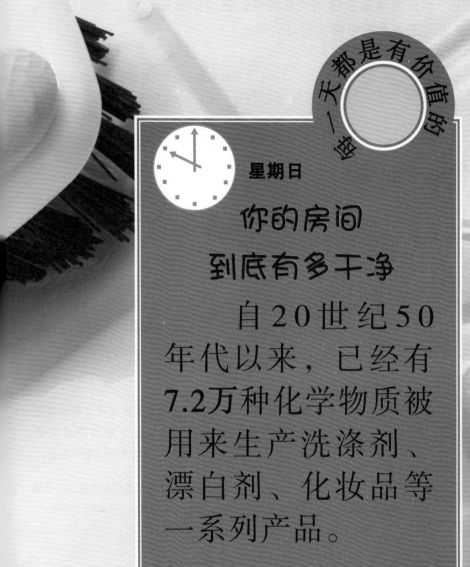

星期日

你的房间
到底有多干净

自20世纪50年代以来，已经有7.2万种化学物质被用来生产洗涤剂、漂白剂、化妆品等一系列产品。

你肯定很在意你用什么牌子的洗面奶洗脸，但是你知道每天使用的洗漱产品里都含有什么吗？

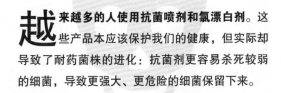

越来越多的人使用抗菌喷剂和氯漂白剂。这些产品本应该保护我们的健康，但实际却导致了耐药菌株的进化：抗菌剂更容易杀死较弱的细菌，导致更强大、更危险的细菌保留下来。

人工合成化学物质被用于制造许多清洁产品。这些合成化学物质很难分解或者生物降解。当这些化学物质最终流入大海之后，会留存在海洋生物体内并进入食物链。这些化学物质甚至已经在鱼类和人类的母乳中被发现。

化学品邻苯二甲酸盐被用于制造表面活性剂、化妆品和弹力塑料制品。

科学家猜测这些化学物质已经影响到动物的内分泌系统，与野生动物的生殖问题有关系。

在洗碗的时候你应该戴上塑料手套，这样能保护手不被化学品伤害。

应当使用可**再生的自然成分为原料**的清洁产品，环保型洁厕剂和表面清洁剂都可以在超市买到。

可以亲手制作清洁用品。稀释白醋、柠檬果汁以及苏打水可以单独使用，也可一起使用来清洁窗户和瓷砖表面。用橄榄油和少量的醋，就可以制成一种很有效的家具上光剂。

问问你的家长是否可以**使用家用硼砂作为清洁剂，**硼砂有杀菌和漂白两大功效。它可以有效处理顽固污渍，而且毒性很低，能够安全地用于清洁厕所，在机洗衣服时加入甚至还能提高洗衣粉的洁净能力。

拯救地球

可替代能源

利用煤炭、石油和天然气作为燃料的火力发电厂都对二氧化碳释放负有责任。

燃烧化石燃料不仅加速全球变暖，全球有限的煤炭、石油和天然气的资源储备还面临着利用殆尽的危险。核能是一种可替代能源。几种可再生能源已经发展起来了。这些能源有着很低的碳排放或者根本没有碳排放，而且永远不会枯竭或者能在短时间再生。

核能

核动力是电力生产中使用的放射性分类，例如铀和钚，"原子燃料"在一定条件下发生反应，产生足够的热能来将水变成水蒸气，水蒸气推动涡轮机并产生出电能。这一过程不会产生副产品二氧化碳。除此以外，核燃料从长期来看是一种可持续性能源，因为放射性燃料相对来说是比较丰富的，并且还可以转化某些物质成为可以使用的燃料。

当然，核能不是没有问题的。在利用核能的过程中，会产生具有高度放射性和毒性、很难处理的废料，如何安全地处置这些废料成为一个难题。核电站发生意外的概率很低，但是一旦有意外发生，就会对环境产生巨大的污染。核技术还能够制造出新的核武器，并且核电站还容易成为恐怖分子袭击的目标。

绿色能源

可再生能源又称为"绿色"能源，有五种主要的类型：太阳能、水能、风能、地热能和生物能。来自太阳的能量可以通过太阳能板收集起来，某些类型的太阳能板可以将太阳能转化成电能，还有些类型的太阳能板可以收集太阳热能用于房屋供暖，也可以直接加热水。

地球内部的自然热量可以用来发电，或者直接用于房屋供暖。冰岛首都雷克雅未克的地热资源丰富，地下水温为86℃，市内有95%的房屋利用地热资源来直接供暖。

> 在风速达到了3~4米/秒时，大多数风力涡轮发电机开始发电。

风力发电是极洁净、极安全的大规模发电方式。在英国，有许许多多的大型风力涡轮发电机建在面向海风的陆地上。在未来的20年，风力发电可望提供英国10%的电力需求。

从事能源研究的科学家用生物能描述来自植物或动物的物质燃烧后释放出的能量。木材、秸秆、动物粪便等物质燃烧产生能量的过程之中就可以产生生物能。燃烧过程释放二氧化碳，但与燃烧矿石燃料不同，没有增加额外的二氧化碳排放到环境中。新生树木和种植的庄稼吸收二氧化碳，就这样不断地更新着生物燃料。生物燃料被描述为"碳中性"，它不会造成全球变暖。

风力发电厂建有巨大的风力涡轮发电机。

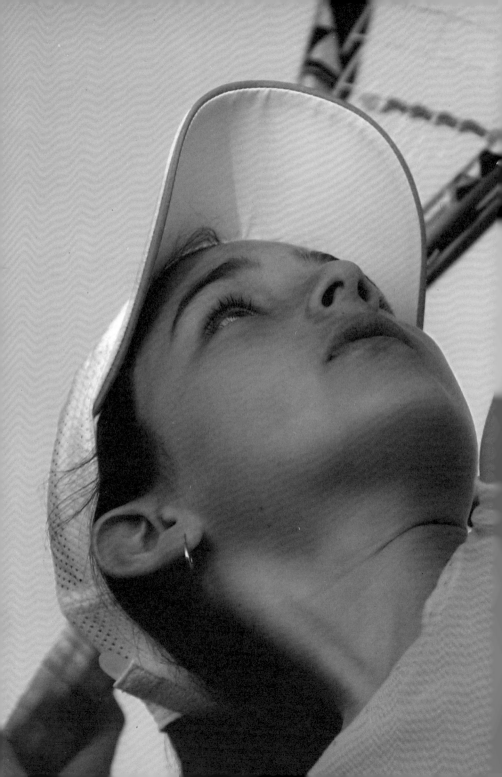

星期日
锻炼身体

　　每年每个休闲中心平均用于淋浴和游泳池的用水量为600万升，这些水大多数都是经过加热的。

有规律的锻炼可以让我们保持健康少去医院。但是，要确保你的锻炼不会破坏环境。

健身中心的会员在健身房活动，要耗用大量的能源进行体育锻炼。同时，健身休闲中心本身还要使用大量的能源用于照明、采暖和供电。

一些体育俱乐部安装冷水机制作冰水，并提供一次性塑料杯使用。我们中的许多人习惯携带塑料瓶装水。这些瓶装水在装瓶和运输的过程中，已经对提供安全水源地区的自然资源和环境造成了破坏；同时运输还要耗费大量的能源，每年卖出量达到890亿升的瓶装水（其中220亿升从原产国出口）和用于制造这些瓶子的150万吨聚氯乙烯以及其他塑料，在运输时消耗的能源无法计算。

不要驾驶汽车去休闲中心或健身俱乐部。如果可能的话，**步行或骑自行车**去那里，这样将起到在你进行主要锻炼活动之前的热身作用，也能减少二氧化碳的排放。

 把空的饮料瓶清洗干净并且带在身边以便再次使用，用它来代替购买的瓶装水。如果你想喝冰冻的水，可以提前把装满饮用水的瓶子储存在冰箱里，使水的温度降低，直到水变冷，这可以**节约水。**

 尽可能把日常的锻炼活动安排在户外，减少在室内的锻炼时间。 这样能够节省能源，比如在白天，室外网球场不需要灯光照明。

参与一些环境保护活动的劳动锻炼。同你的朋友或家人一起，参加一些力所能及的公益项目,比如清理河渠水道,改善小区的自然环境或植树活动。

星期日

你的花园
有多"绿"

一个花园洒水器在短短的一个小时内可以喷洒1000升水。这些水足够满足你大约12次盆浴或28次淋浴的用水。

一天都是有价值的

　　与家人一起行动起来，帮助你的家庭创造一个"绿色"花园，这样做有利于野生动植物的生长，还能给你更多的机会去节约资源和进行废物循环利用。

一天都是有价值的

在干燥的天气里，植物需要额外浇水，否则就会死去。由于气候的变化，天气正变得越来越干燥。许多人开始使用喷水装置给花园浇水了，这对宽敞的大花园来说是比较好和必要的浇水方法。但是家庭花园通常是比较小的。如果有严重的水资源短缺，自来水公司常常会限制在水龙头上接出户外软管，其中包括限制使用喷洒装置。

如果有禁用水管浇灌的规定，建议你使用喷壶来给花园浇水。

说服你的家人在户外放上**收集雨水的桶**，把雨水收集起来供花园使用。可以在凉爽的早晨或傍晚浇灌植物，这时水的蒸发损耗最少。

在花园里的一小块地上种植些野花，就会吸引来一些昆虫和其他动物。

往往需要给花园里的植物施肥，但给土壤施用化肥弊大于利。许多化肥中含有氨，氨是利用天然气作为资源获得的，既用天然气作能源，同时又利用其作为原料。（天然气是化石燃料，当它燃烧时会释放出二氧化碳）。化肥中的硝酸盐汇入河流后会破坏水资源的生态系统。

蛞蝓、蜗牛和毛毛虫是给花园带来麻烦的害虫，它们会吃掉你喜爱的全部植物。农药和杀虫剂可以杀死害虫，同时也会杀死有益的动物甚至你所饲养的宠物。化肥不仅破坏土壤，还能引发人类健康问题。

 说服你的父母在花园植物周围铺设木条、树皮或砾石，这样可以**保持土壤中的水分**。

 你可以购买有机肥料，也可以用厨房的残羹剩饭和花园的有机物的残渣制作**堆肥**，这也是一种有机肥料。

 市面上有防治和控制害虫的"天然"品出售。你也可以试着把液体肥皂、大蒜与水混合，**制作无害杀虫剂**。建议你在花园里种植一些能够抵御某些害虫或吸引能够吃掉害虫的益虫和植物。蛞蝓可以通过啤酒陷阱或使用线虫根除——这是生物病虫害防治。

拯救地球

自己动手制造

在英国，每年售出400万升油漆。其中20%的油漆永远不会被使用。它们储存在车库等场所直到废弃。废弃的油漆每年可达数百万升。

一天都是有价值的

对于一些人来说，自己动手制造是很有趣的事情；而对于另一些人来说，自己动手做是令人烦恼的负担。对于我们周围的环境来说，自己动手制造会消耗自然资源，造成化学污染。

含有化学物质的溶剂型涂料为挥发性有机化合物，也就是说，它们很容易蒸发进入大气中。少许的有机挥发性化合物，即可致人中毒或致癌。这几乎是所有导致地面臭氧污染的原因，也间接导致了大气的温室效应。

水溶性涂料隐藏着更多的能源消耗和生态环境危险。仅稀释一升水溶性光泽涂料，就需要多达4000万升的水，这样才能足够安全地通过下水道排掉。

因为房屋的装修，每年会制造出42万吨的废木材。密度板也称为纤维板，是用胶粘剂将木质纤维粘合起来构成的。这些产品都是很难再重复利用的，而且生产过程中能源消耗量大，还含有多种有害化学物质。

要想保护环境，自己动手制造的第一个原则是修理你身边已存在的东西，并尽可能利用回收的原材料。如果你的家庭需要购买新的木材，**要选择森林管理委员会(FSC)认证的木材**——最好是来自当地的森林。FSC是一个国际性组织，促进对森林的环境责任和社会管理。

 说服你的家人购买用**天然有机材料**制造的油漆和涂料。这些油漆和涂料加入**天然植物和动物色素**，不含有石油化工产品。如果你使用的油漆有剩余的话，可以把它交给社区或捐给慈善机构使用。

 你会发现从回收再利用中心为家里买东西有许多乐趣。**回收再利用中心的老家具是从老房子里搬出来的**，这些物品的范围很广泛，从门把手到铺路石，从家具到壁炉，应有尽有。

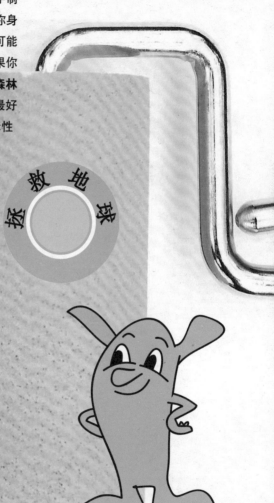

拯救地球

星期日

把垃圾带出去

全世界平均每人每年会制造10倍于自己体重的垃圾:160个罐头;107个瓶子和罐子;相当于2棵树木的纸张和45千克的塑料。

每一天都是有价值的

我们每个人都可以保护世界上的自然资源。为了减少自然资源的消耗，必须减少生产生活垃圾，回收并重新利用生活垃圾。

大多数的生活垃圾埋在垃圾填埋场的地下。每年，大约需要3亿平方米的土地用于垃圾填埋，相当于28450个足球场的面积。垃圾让我们背上了包袱，我们的空间已经不多了。

金属废料(废弃的锡箔纸、易拉罐和喷雾器)占到生活垃圾的8%。金属矿产的开采和冶炼是非常耗费能源的工业。回收1吨铝可以节省约14000千瓦时的电力。

每年清理倾倒在街头的垃圾要支出5亿英镑的成本。这些垃圾不仅看起来有碍市容，还会吸引老鼠等有害动物危害人们的健康。口香糖的清除工作特别困难，而且成本昂贵。它是不可生物降解的。清除的方法是用高压水蒸气来冲洗，这样也会损害路面石块之间的灌浆，使路面的石块松动，甚至融化柏油铺制的路面，这种方法还需要使用大量的能源。

拯　救　地　球

首先，最重要的事是**减少浪费**。其次，尽可能地重复使用。然后，考虑进行回收再利用。如果你生活的区域没有分类垃圾箱，尽可能将可回收的垃圾送到离你最近的回收中心。通常可回收的垃圾按纸、玻璃、塑料和金属物品分类。

当你不得不扔掉垃圾时，不要把它随意丢在地上，要把它放进垃圾箱。如果你乱丢垃圾被抓到，可能会被罚款。

在你学校里成立一个**回收委员会**，以确保每个在学校的人，包括教师员工，都知道附近的回收中心在哪里。向你的学校提议将所有的废纸回收并购买使用再生纸。

回收垃圾

　　垃圾箱中超过一半的东西能够进行回收再利用，或送去制作堆肥。然而目前回收到的生活垃圾，不足我们产生的生活垃圾总量的四分之一。

回收再利用对环境有很多好处：减少了垃圾，降低了污染，节约了能源，并且减少了资源的开采量。地球上的资源大多数都是不可再生的，这意味着它们不能被取代，最终会使原料资源枯竭。对原料提取加工的过程会损害环境和野生动物的栖息地，破坏生态平衡。还有问题与制造业生产、销售新产品有关——你购买了好用的新产品，那些替换下来的旧产品就会被丢弃掉。

什么可以回收再利用？

　　你已经知道玻璃、纸、金属、纺织品和有机废物都可以回收。但是你知道塑料、电气设备和家具也可以回收吗？你可以咨询小区的物业或者居委会如何进行回收，或在互联网上找一找有什么专业的回收机构。有许多网站提供了很多有用的信息。大多数居委会现在也发起了很多回收主题的活动。

玻璃

　　你会在超市停车处和其他公共地段发现瓶子回收箱，通常回收干净的绿色、棕色的玻璃瓶子。扔瓶子的时候尽可能将瓶盖取下来，但是瓶子上的标签只能在回收后的处理过程中才能清除。

纸张

　　最常见的废纸是报纸和杂志，这些废纸可以投入纸张回收箱。硬纸板也能回收利用。牛奶和果汁的盒子不能回收，因为这些盒子有塑料衬里。

将不同的垃圾放在相应的分类垃圾箱里。

饮料和食品罐

　　在丢弃废旧的易拉罐时，应该将易拉罐压瘪。铝质易拉罐具有更高的回收价值。铝质易拉罐有一层闪耀的银色底层，并且不会与磁铁吸引。

写日记

现在你知道了做些什么能拯救我们的地球。开始写日记吧，这样能帮助你养成新的日常生活习惯，并坚持下去。

使用后面的日记格式来记录你对环境的影响。左页是破坏环境的行为，右页是环保的行为。每次你做了列表里的事情，就在相应的方框上画一个标记。在每个月的月底进行总结。在颜色最浅的行里每一个标记记录一分；在颜色稍重一些的行里的每一个标记记录两分；在颜色最重的行里每一个标记记录三分。看看你能否每月得到更少的不好行为的分数，而得到更多好的行为的分数。

> 如果你一开始觉得很难得到好的分数，一定要下定决心，坚持不懈地拯救地球。

让你的家人和朋友也参与进来

将后面的日记格式多复印几份与你的家人、朋友或同学一起写环保日记。你可以在每个月的月底与大家进行交流，比较一下看谁是真正的环保小卫士。

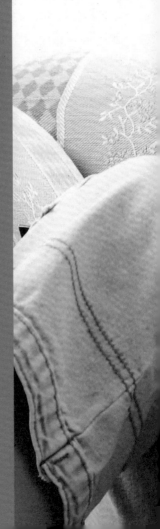

第1个月

每当你做了下列事情的时候，就画一个 "X"

洗了一个美美的泡泡浴

乘坐自己家的小汽车去学校

买一些薯片或其他零食吃

把充完电后的手机充电器继续插在电源上

扔掉了可回收利用的纸张

买了一些瓶装水喝

开大音响

把衣服用烘干机烘干

刷牙时忘记关掉水龙头

在地上丢了一些垃圾

你养成了坏习惯了!

1 分

2 分

3 分

每当你做了下列事情的时候，就画一个"✓"

快速地洗了一个澡

关电脑时关掉电脑屏幕

读书，而不是看电视

提醒你的家人再检查一下汽车轮胎的胎压

购买环保纸张

回收一些瓶子或罐子

购买本地产的有机食品和公平贸易商品

在花园制作堆肥

在旧货市场买二手商品

动员你的家人购买节能灯泡

你养成了
好习惯！

1 分

2 分

3 分

第2个月

每当你做了下列事情的时候，就画一个"X"

洗了一个美美的泡泡浴

丢了些垃圾在地上

洗东西时任凭水龙头开着

把充完电后的手机充电器继续插在电源上

扔掉了可回收利用的纸张

刷牙时忘记关掉水龙头

打开暖气而不是多穿衣服

把衣服用烘干机烘干

买了一些瓶装水喝

房间里没人依然开着灯

这可是挺糟糕的！

1 分

2 分

3 分

每当你做了下列事情的时候，就画一个"✓"

快速地洗了一个澡

关电脑时关掉电脑屏幕

读书，而不是看电视

衣服挂在外面晾晒

自己带午餐上学

回收一些瓶子或罐子

购买本地产的有机食品和公平贸易商品

将家里不用的东西送到废品收购站

步行或骑自行车而不是乘坐出租车

修理坏掉的旧物品而不是购买新的物品

保持得很好！

1 分

2 分

3 分

第3个月

每当你做了下列事情的时候，就画一个"X"

洗了一个美美的泡泡浴

丢了一些垃圾在地上

从商店带回塑料购物袋

把充完电后的手机充电器继续插在电源上

扔掉了可回收利用的纸张

刷牙时忘记关掉水龙头

打开加热器而不是多穿衣服

用带有喷头的软管给花园浇水或洗车

买了一些瓶装水

乘坐出租车，而不是步行

还是得了好多不好的分数!

1 分

2 分

3 分

每当你做了下列事情的时候，就画一个"✓"

快速地洗了一个澡

关电脑时关掉电脑屏幕

运动而不是看电视

检查锅炉温控器设置不超过60℃

按照第74页的说明洗涤餐具

回收一些瓶子或罐子

购买本地产的有机食品和公平贸易商品

使用家庭自制的洗涤剂

与朋友交换东西，而不是买新的

乘坐公共交通工具，而不是乘坐出租车

你可以
做得更好!

1 分

2 分

3 分

第4个月

每当你做了下列事情的时候，就画一个"X"

洗了一个美美的泡泡浴

洗碗的时候任凭自来水一直开着

购买已包装好的食品，而不是自己带午餐

把充完电后的手机充电器继续插在电源上

扔掉了可回收利用的纸张

刷牙时忘记关掉水龙头

烧开水时忘记盖盖子

任由音响和电脑开着

买一些瓶装水

将口香糖丢在地上

1 分

2 分

3 分

如果是这样就更糟了。

每当你做了下列事情的时候，就画一个"✓"

快速地洗了一个澡

关电脑时关掉电脑屏幕

读书，而不是看电视

步行、骑车或乘坐公共交通工具，而不是乘坐出租车

修理家中的物品，而不是买新的

回收一些瓶子或罐子

洗干净饮料瓶子，重新使用

检查一下各个房间，如果有滴水的水龙头就关上

在家里的马桶水箱里放一块砖

写信给一家公司提出一个环保问题

看来你很
努力!

1 分

2 分

3 分

第5个月

每当你做了下列事情的时候，就画一个 "X"

洗了一个美美的泡泡浴

丢弃一些垃圾在地上

从商店带回塑料购物袋

把充完电后的手机充电器继续插在电源上

扔掉了可回收利用的纸张

刷牙时忘记关掉水龙头

打开加热器而不是多穿衣服

整个晚上都在看电视

买一些瓶装水

买快餐或者罐装饮料

看看下个月你是否可以做得更好。

1 分

2 分

3 分

每当你做了下列事情的时候，就画一个"√"

快速地洗了一个澡

关电脑时关掉电脑屏幕

会见朋友，而不是看电视

去往低楼层时走楼梯，而不是乘电梯

购买绿色印刷的图书

回收一些瓶子或罐子

购买本地产的有机食品和公平贸易商品

吸引鸟类拜访你家后院或学校的花园

把旧衣捐赠给公益机构

策划一个在学校回收废纸再利用的方案

你做到了！

1 分

2 分

3 分

第6个月

每当你做了下列事情的时候，就画一个"X"

洗了一个美美的泡泡浴

丢弃一些垃圾在地上

买一些薯片和零食吃

把充完电后的手机充电器继续插在电源上

整晚忘记关电脑屏幕

在刷牙时忘记关掉水龙头

打开暖气取暖，而不是多穿衣服

把衣服放在滚筒式烘干机中烘干

买一些瓶装水

乘坐出租车代替步行或骑自行车

你现在应该得到更少的不好行为的分。

1 分

2 分

3 分

每当你做了下列事情的时候，就画一个"√"

快速地洗了一个澡

关电脑时关掉电脑屏幕

读书，而不是看电视

检查食品标签,确保食品是本地生产的

打印不重要的文件时，利用已打印过一面的纸张。

回收一些瓶子或罐子

尽量少购买包装食物

策划一个在学校回收旧手机的方案

使用厨房或花园的废弃物制造堆肥

请家人或朋友平稳驾驶，尽量少急刹、少加速

1 分

2 分

3 分

你对拯救地球做出了很多贡献！

术语表

酸 雨

氮和硫的氧化物释放到大气中，溶于水产生硝酸和硫酸，以雨的形式从空中降下来，这就是酸雨。酸雨能够破坏建筑和树木。

赤 潮

当含有氮或磷的营养素冲进水域时，会引起某些有害的藻类种群大量繁殖。旺盛的藻类和其他生物消耗掉了水中的氧气，如果水中的氧含量低于支持水生生物生存的需求极限，水生生物就会大量窒息而死。

替代燃料汽车

替代燃料汽车的动力类型包括液化石油气、压缩天然气或电力。液化石油气取自精炼石油。与用汽油作为燃料的汽车相比，用液化石油气作为燃料的汽车排放的尾气中，二氧化碳和粉尘的含量更少。电动汽车本身不造成污染，但发电厂发电要燃烧矿物燃料。混合动力汽车使用一组电动发电机和一组汽油或者天然气发动机。

砷

一种由国际癌症研究机构(IARC)列为对人类致癌的有毒矿物元素。吞下或通过皮肤吸收均会中毒。

可生物降解

物质可以被活的生物分解、破坏。这意味着它们能够安全、快速的腐烂、分解。可生物降解物质能够很快消失于自然环境中。

生物柴油

用废弃的烹调油和油料作物（包括油菜籽）作原料，提炼出的一种生物可降解、无毒、环保的燃料。大多数新型柴油车不需要改装，可以直接使用这种燃料。

生物病虫害防治

一种用生物有机体控制病虫害的方法。这种方法不会把有害化学物质带入土壤或大气中。

硼 砂

化学元素硼存在于自然状态下的结晶化合物。它能够迅速地溶解于水，可用于各种各样的清洗工作。

二氧化碳

二氧化碳（CO_2）是最常见的碳氧化物。二氧化碳是植物和动物呼吸时产生的一种气体。富含碳的矿物燃料在有氧的环境下燃烧时也能释放出二氧化碳。二氧化碳会造成地球的温室效应。

碳中和

　　碳中和的本质是在大气中去除与排放总量相等的二氧化碳，这样可以使大气中的二氧化碳含量平衡。例如，人们种植树木，树木在生长过程中就可以吸收二氧化碳。如果用种植新的作物来替代用作燃料的作物，制造出生物柴油，这就是一种碳中和。

氯

　　一种化学元素，单质通常为气体，颜色是略带黄的绿色，人体吸入、摄入或皮肤接触有毒。氯气一旦溶解在水中，会对水中生物产生巨大的毒害。氯化合物可用作漂白剂。

氯氟烃

　　也称为氟利昂，简称为CFCs，是一种化学物质。在发现氯氟烃会导致臭氧层破坏之前，主要用作气溶胶推进剂，冰箱、冰柜的制冷剂。氯氟烃是造成臭氧层空洞的主要因素。氯氟烃含有氯原子，在紫外线的作用下产生氯的"自由基"，释放到大气层中，分解、破坏大气层中的臭氧。

钶钽铁矿石

　　是含有铌和钽的一种金属矿产，用于制造电容元件(计算机等电子设备中的一种电气元件，可以保存电荷)。

氰化物

　　带有氰基的化合物。并不是所有的氰化物都是有毒的,但是用于从金矿中分离黄金的氰化钠是一种致命毒物。

荒漠化

　　指土地变得不适合农业耕种，这往往是由于人类活动造成的。砍伐森林，暴露出土地，表层土逐渐流失；过度放牧和集约化农业耕作方法夺去土地的养分，让土地加快转变为贫瘠的沙漠。

二噁英

　　一种高毒性的化合物，是在一些工业生产、垃圾焚烧或是燃料燃烧过程中产生的。二噁英可以致癌，也能够干扰生物体内的激素代谢。

生态标签

　　是欧洲联盟(EU，简称欧盟)对环保产品发放的标识。获得标签的产品必须符合对环境影响最小化的某一严格标准。比如，获得生态标签的日用电器特别节能。

节能推荐标志

　　表示产品在节能方面是先进可信赖的。在许多家用电器(如洗衣机、灯泡、天然气壁挂炉等)产品上贴有节能推荐标志。

甲　醛

　　一种呈气体状态的剧毒化合物，国际癌症机构将其列为对人类致癌的物质。甲醛易溶于水，容易通过皮肤吸收。它会损伤黏膜、眼睛和皮肤，是已知的能够引起基因突变、导致畸形的物质。

化石燃料

　　富含碳的易燃化合物，包括煤炭、石油和天然气。化石燃料是史前生物遗骸和古植被在一定的地质条件下，经过数百万年时间形成的。

全球变暖潜力

　　是衡量一种气体相对于二氧化碳气体对大气未来100年变暖的影响力。例如，甲烷的全球变暖潜力为23。这意味着，在未来的一个世纪中，平均1吨甲烷对全球变暖的影响，将相当于23吨二氧化碳。

温室效应

　　指地球的大气层吸收热量，导致全球变暖。温室效应增强的原因是：人类的活动排放出大量的温室气体，导致地球温度不断上升。

汞

　　一种液态金属元素。汞毒性很强，可以通过皮肤吸收，富集于生物体之中，通常情况下长期接触汞是致命的。汞中毒的影响包括损伤肾脏和中枢神经系统。在19世纪，帽子制造商迈克公司将汞用于制造毛呢毡帽，事件最终被曝光。

甲　烷

　　天然气的主要成分。平均1吨甲烷对全球变暖的影响，相当于23吨二氧化碳。

氮

　　氮气占空气总量的78%。氮是蛋白质的基础成分，是生物体内的重要元素。一类称为"固氮菌"的微生物可以将气态氮转化为更复杂的化合物(包括氨和硝酸盐)。这些化合物被植物吸收，在植物的生长过程中转化成蛋白质。

一氧化二氮

　　一种氮和氧的气态化合物，是一种效力强大的温室气体，全球变暖潜力相当于二氧化碳的296倍。

有机物

　　指含碳化合物（一氧化碳和二氧化碳除外）。挥发性有机化合物(VOCs)也是有机物，不过它们对环境有害。

生 物

  具有生命的有机体，如植物、动物、真菌或微小的细菌。

臭 氧

  臭氧又称为超氧，是氧气的同素异形体，是一种有特殊臭味的淡蓝色气体。臭氧主要存在于距地球表面20~35公里的同温层，构成一个臭氧层，吸收来自太阳的有害紫外线。在地表附近的臭氧是有害的空气污染物，可引起人的肺部感染和咽喉发炎。

农 药

  用于杀死或预防农作物病虫害的化学制剂。杀虫剂是用于杀灭害虫的；除草剂、杀菌剂是用于清除杂草、对抗真菌感染的。

石 油

  也称为原油，是碳氢化合物的混合物。炼油厂将碳氢化合物提炼成不同的石油产品，包括石蜡、沥青、柴油、汽油和液化石油气。所有这些产品以及原油本身，都归类为化石燃料。

磷酸盐

  是磷和氧在自然状态下产生的化合物。磷酸盐参与生物体内的代谢过程。然而水环境中的磷酸盐超标，可能会导致赤潮。

磷

  一种化学元素，放于暗处有荧光发出。荧光灯和阴极射线管的荧光粉是由重金属及磷的化合物制造的。

聚苯乙烯

  用石油制造的一种塑料，特点是坚硬、易碎、无色、透明。聚苯乙烯用于制作包装，如酸奶的罐子、人造黄油的盒子、杯子和CD盒。在聚苯乙烯中加入碳氢化合物的"膨胀剂"，聚苯乙烯可以像气球那样快速膨胀，成为低密度发泡聚苯乙烯。发泡聚苯乙烯可用于制造重量轻的绝缘材料。

聚氯乙烯

  一种多用途的塑料。聚氯乙烯的生产过程中加入了氯，通常还加入软化材料(塑化剂)，为了增加弹性还会加入称为邻苯二甲酸盐的化学物质。在聚氯乙烯的生产、回收和燃烧时会释放二噁英。

冶 炼

  从矿石中提取金属的过程。

合成化学品

　　人工合成化合物的总称。许多自然产生的化学物质也是可以人工合成的。同时，并非所有的合成化学品都对环境有害。新型化合物对自然环境的影响，通常是无法预测和难以监控的。本书集中了一些人们已知的合成化学品，它们持续污染环境，富集在生物体中，对动植物有害。

有帮助的网站

从这些网站你可以得到更多关于如何拯救地球的信息，从网站购买东西之前，你必须得到父母的允许。

1 新浪网绿色环保频道：http://green.sina.com.cn/

2 果脯网绿色科技频道：
　http://www.guopu.cc/sbjs/14593285-82eb-4db8-a4c7-e0c3e6ef58ad.htm

3 搜狐网绿色频道：http://green.sohu.com/

4 腾讯网绿色频道：http://green.news.qq.com/

5 凤凰网公益环保频道：http://huanbao.gongyi.ifeng.com/

6 央视网环保频道：http://www.hb-cctv.com/

7 中工网绿色频道：http://green.workercn.cn/3180/3180.shtml

图书在版编目（ＣＩＰ）数据

你能拯救地球 ／（英）霍夫著 ； 牛海佩译. －－ 北京：科学
普及出版社，2015
（小科学家之屋）
ISBN 978-7-110-09121-0

Ⅰ．①你… Ⅱ．①霍… ②牛… Ⅲ．①环境保护－儿童读物
Ⅳ．①X-49

中国版本图书馆CIP数据核字(2015)第203299号

书名原文：You Can Save the Planet
Copyright text ©the Gardian 2007

著作权合同登记号：01-2012-3752
版权所有　　侵权必究

作　　者　[英]里奇·霍夫
译　　者　牛海佩

策划编辑　肖　　叶
责任编辑　邓　　文
封面设计　朱　　颖
责任校对　林　　华
责任印制　马宇晨
法律顾问　宋润君

科学普及出版社出版
http://www.cspbooks.com.cn
北京市海淀区中关村南大街16号　邮政编码：　100081
电话：010-62103130　传真：010-62179148
科学普及出版社发行部发行
鸿博昊天科技有限公司印刷
*
开本：635毫米*965毫米 1/16　印张：10.25　字数：250千字
2016年5月第1版　2016年5月第1次印刷
ISBN　978-7-110-09121-0/X·60
印数：1-5000册　定价：29.80元